BEI GRIN MACHT SICH IHR WISSEN BEZAHLT

- Wir veröffentlichen Ihre Hausarbeit, Bachelor- und Masterarbeit

- Ihr eigenes eBook und Buch - weltweit in allen wichtigen Shops

- Verdienen Sie an jedem Verkauf

Jetzt bei www.GRIN.com hochladen und kostenlos publizieren

Plastikmüll und seine Auswirkungen für die Meere sowie Meerestiere. Ein Überblick über Entstehung, Folgen und Lösungsansätze

Bibliografische Information der Deutschen Nationalbibliothek:

Die Deutsche Nationalbibliothek verzeichnet diese Publikation in der Deutschen Nationalbibliografie; detaillierte bibliografische Daten sind im Internet über http://dnb.d-nb.de abrufbar.

ISBN: 9783346781642
Dieses Buch ist auch als E-Book erhältlich.

© GRIN Publishing GmbH
Nymphenburger Straße 86
80636 München

Druck und Bindung: Books on Demand GmbH, Norderstedt Germany
Gedruckt auf säurefreiem Papier aus verantwortungsvollen Quellen

Das vorliegende Werk wurde sorgfältig erarbeitet. Dennoch übernehmen Autoren und Verlag für die Richtigkeit von Angaben, Hinweisen, Links und Ratschlägen sowie eventuelle Druckfehler keine Haftung.

Das Buch bei GRIN: https://www.grin.com/document/1308338

Universität zu Köln

Institut für Biologiedidaktik

Fachwissenschaftliche Vertiefung - Exkursion Wattenmeer

Hausarbeit zum Thema:

Die Problematik des Plastikmülls für die Meere und deren Auswirkungen auf die Meerestiere

Inhaltverzeichnis

1. Einleitung

Die Tastatur, auf der ich tippe, der Kugelschreiber, mit dem ich schreibe und die Flasche, aus der ich trinke; wenn ich mich bewusst umschaue, erkenne ich, dass uns Plastik im Alltag überall umgibt. Wir befinden uns regelrecht in einem Kunststoffzeitalter. Plastik gibt es beispielsweise in Verpackungen, Fahrrädern, Gummitieren, Maschinen, Waffen, Möbelstücken und Reifen. In allen Bereichen der industriellen Produktion, unserer Infrastruktur, sowie im Haushalt und in unserer Kleidung befindet sich Plastik (Schilling, 2014). Als Material für Einweggeschirr wie Plastikbecher, -Teller, -Messer oder -Gabeln ist es sehr praktisch und dadurch im Laufe des letzten Jahrhunderts immer beliebter geworden (Hecking, Martin & Voss, 2018). Plastik ist wandlungsfähig, vielseitig, preiswert und vor allem beständig. Die Gründe, warum sich Plastik weltweit derart etabliert hat sind deutlich. Doch diese Dynamik und vor allem die lange Haltbarkeit werden nun zu einem globalen Problem. Denn auch wenn diese synthetischen Stoffe vor 60 Jahren viele Aspekte des Lebens erleichtert haben, stellen sie heute eine drastische Umweltbedrohung dar. Im Gegensatz zu natürlichen Rohstoffen, kann Plastik nicht abgebaut werden. Der Abbauprozess kann Jahrhunderte andauern. Der hohe Konsum von Plastik lässt gleichermaßen viel Müll entstehen. Gelangt dieser in die Umwelt, kann er erheblichen Schaden zufügen (Bundesverband Meeresmüll, o.D.-a). Es scheint, als würde die Menschheit sich erst jetzt über die Auswirkungen des Plastikmülls auf die Umwelt, Meere und Tiere bewusst werden. Immer mehr Studien werden veröffentlicht, immer mehr Zeitungen, Zeitschriftenartikel und Nachrichten berichten über die enorme Problematik, die Plastikabfall verursacht. Im Rahmen meiner Hausarbeit habe ich mich intensiv mit dieser Problematik auseinandergesetzt und verschiedene Studien, Reporte, Artikel und Forschungsberichte gelesen, verglichen und daraus die wichtigsten Informationen für meine Arbeit entnommen. Obwohl die Thematik relativ neu und erst seit kurzen durch die Medien popularisiert ist, gibt es bereits eine unübersichtliche Bandbreite an Informationen und Fakten. Einige davon werde ich in den einzelnen Abschnitten den passenden Themen zuordnen und benennen. Zuerst beschäftige ich mich mit Plastik im Allgemeinen und gehe der Frage nach, was Plastik überhaupt ist und wie es entstanden ist. Ein Fokus liegt dabei auch auf der Unterscheidung von Makro- und Mikroplastik. Daraufhin befasse ich mich mit den Konsequenzen und welche Not dies für die Meere bedeutet und aus welchen Gründen das Plastik in die Meere gelangt. Im Rahmen dessen gehe ich ebenfalls kurz auf den riesigen Müllstrudel, den „Great Pacific Garbage Patch" ein. Anschließend beschäftige ich mich mit den gravierenden Folgen, die dies auf die Meerestiere hat und unterlege es mit einigen Beispielen. Da dies in den aktuellen

Nachrichten stark in den Fokus gerückt ist, gehe ich hierbei nochmal konkret auf die Meeresschildkröten und Korallenriffe ein. Danach folgt ein kurzer Exkurs zur sogenannten „Plastisphäre", ein eigen entstandenes Ökosystem aus Plastik. Weiterhin wird die Plastikaufnahme von Fischen und Meeresfrüchten beschrieben und anschließend die schleichende Vergiftung erklärt, die das Plastik im Meer verursacht. Da das Plastik nicht nur dem Meer und infolgedessen den Tieren schadet, sondern auch dem Menschen, wird über mögliche Auswirkungen auf die Menschen ebenfalls eingegangen. Zum Ende hin werden dann konkrete Lösungsvorschläge dargestellt, sowie zwei Projekte, welche das Ziel haben Plastikmüll zu reduzieren, beschrieben. Ein kurzes Fazit mit Ausblick, schließt die Arbeit ab.

Aus Gründen der flüssigeren Lesbarkeit, wird auf die gleichzeitige Verwendung männlicher und weiblicher Sprachformen verzichtet. Sämtliche unspezifischen Personenbezeichnungen gelten gleichwohl für beide Geschlechter.

2. Plastik ist überall

Die Plastikproduktion ist in den letzten Jahren explosionsartig angestiegen. Während 1950 global noch rund 1,5 Millionen Tonnen Plastik produziert wurden, sind es heute bereits mehr als 300 Millionen Tonnen (Cresse, 2016; Moeck, & Rutke, 2016) Allein im Jahr 2003 wurden fast 100 Millionen Tonnen mehr Plastik als im Vorjahr produziert (Miller, Santillo & Johnston, 2016) Es wird davon ausgegangen, dass sich die produzierte Menge an Plastik in den nächsten 20 Jahren noch verdoppeln wird (Ellen MacArthur Foundation, 2017). Derzeit werden weltweit im Schnitt mehr als 900.000 Plastikflaschen pro Minute hergestellt (Hecking, et. al., 2018). Für Produkte, die weniger als 5 Minuten im Gebrauch sind, werden jährlich mehr als 100 Millionen Tonnen Plastik hergestellt (Ludwig, 2014). Europa ist nach China (26 Prozent) mit 20 Prozent der zweitgrößte Plastikproduzent der Erde (Plastics Europe, 2017). Pro Person werden in Westeuropa rund 136 Kilogramm Plastik im Jahr verbraucht. Dies ist das Dreifache des weltweiten Durchschnitts. Mit fast 25 Prozent liegt Deutschland beim Plastikverbrauch in Europa an der Spitze. Danach folgen Italien, Frankreich, Großbritannien und Spanien. Fast 40 Prozent des Plastiks wird für Verpackungen eingesetzt (Otte, 2016). Pro Jahr entstehen dadurch 16,7 Millionen Tonnen Verpackungsmüll. Die erste Wahl für die Plastikmüllentsorgung bleibt für viele europäischen Länder nach wie vor Mülldeponien ohne jegliche Form von Recycling (Alessi, 2018).

2.1 Die Entstehung von Plastik

„Kunststoffe sind ein Traum für Chemiker: Wer nur lange genug kocht und rührt, findet womöglich ein Rezept für Plastik. Denn die Geschichte der Kunststoffe ist auch eine Geschichte der glücklichen Zufälle." (Ludwig, 2014: 6)

Der Belgier Leo Hendrik Baekeland hat nach einem Stoff gesucht, der fest wie Stahl, formbar wie Wachs und hitzebeständig wie Keramik sein kann. 1907 gelang es ihm, nach wochenlangem Zusammenschütten von verschiedenen Substanzen, als er in eine Formaldehydlösung ein Stück Phenol warf und die Lösung anschließend in einem Druckbehälter auf fast 200 Grad Celsius erhitzte. Aus der zähen Masse entstand ein Stück Plastik, und Baekeland wurde seither zum Plastik-Pionier ernannt. Doch erst 15 Jahre später hat der deutsche Chemiker Hermann Staudinger das Grundprinzip der Makromoleküle entdeckt und eine Art Betriebsanleitung für weitere Kunststoffe entwickelt (Ludwig, 2014). Plastik kann schon bei niedrigen Temperaturen und durch verschieden beigemischte Zusatzstoffe unterschiedlich geformt und fast stufenlos regulierbar werden. Der Begriff Plastik wird umgangssprachlich für Kunststoffe aller Art verwendet. Diese Festkörper, bestehen aus synthetisch oder halbsynthetisch erzeugten Polymeren mit organischen Gruppen (Alessi, 2018). Meistens wird zwischen Makro- und Mikroplastik unterschieden.

2.2 Makroplastik

Als Makroplastik werden Plastikobjekte bezeichnet, welche größer als 200 Millimeter sind (Cresse, 2016). Daher ist Makroplastik die sichtbarste Form von Plastikabfall, worunter beispielsweise Einkaufstüten und Fischernetze fallen. Die Problematik des Makroplastiks kann anhand des Beispiels der Plastiktüte verdeutlicht werden. Jedes Jahr werden ungefähr 600 Milliarden Plastikbeutel produziert und weggeworfen. Oft erhält man beim Einkaufen in Supermärkten oder Modegeschäften (ungefragt) eine Plastiktüte dazu. Dieser kostenfreie Erhalt unterstützt den hohen Verbrauch von Plastiktüten und verhindert ebenso einen bewussten Umgang damit (Bundesverband Meeresmüll, o.D.-a). Dabei ist eine solche Tüte durchschnittlich nur 25 Minuten in Gebrauch (Ludwig, 2014). Jeder Einwohner in Deutschland verbraucht nach Angaben des Umweltbundesamts ungefähr 65 Tüten pro Jahr. Dies entsprechen 10.000 Tüten pro Minute bzw. 5,3 Milliarden pro Jahr. Deutschland gehört damit neben Spanien, Italien und England zu den größten Verbrauchern in Europa. Gegenmaßnahmen werden nur vereinzelt durchgeführt, wie beispielsweise, dass in Bangladesch 2002 Plastiktüten komplett verboten wurden, der Pazifikstaat Palau eingeführt hat, dass Touristen, welche Plastiktüten bei sich tragen, einen Dollar Strafe zahlen müssen und in Sansibar die Einfuhr von Plastiktüten bis zu 1560 Euro kosten kann. In Irland wurde eine Steuer auf Plastikmüll gesetzt, wodurch der Verbrauch um 95 Prozent reduziert werden konnte. Andere Länder, wie Frankreich und England setzen sich zurzeit mit konkreten Plänen auseinander, wie man Plastiktüten abschaffen kann. Prozentual steigt zwar die Menge des wiederverwerteten Plastiks, aber im Ganzen handelt es sich dabei weiterhin um eine sehr kleine Menge. Während in Deutschland grade mal jede zehnte Plastiktüte recycelt wird, steigt die Menge an Plastikmüll, die produziert wird, kontinuierlich. Es ist zu bedenken, dass die Plastiktüte nur die Spitze des Eisbergs und damit ein kleiner Aspekt der Gesamtproblematik darstellt (Bundesverband Meeresmüll, o.D.-a).

2.3 Mikroplastik

Mikroplastik kann dadurch entstehen, dass Mechanismen wie Abreibung und Sonneneinstrahlung den Plastikmüll weiter zerkleinern (Bundesverband Meeresmüll, o.D.-b). Zwar gibt es keine international verbindliche Definition von Mikroplastik, Ämter, Behörden und die Vereinigten Nationen arbeiten jedoch mit einer relativ einheitlichen Definition. Demzufolge zählt zu Mikroplastik jene Kunststoff-Partikel, welche eine Größe von unter 5 Millimeter aufweisen. So definiert beispielsweise das Umweltbundesamt, Mikroplastik als *„alle Kunststoffpartikel, deren Durchmesser größer als ein Mikrometer und kleiner als fünf Millimeter ist"* (Essel, Engel, Carus & Ahrens, 2015: 10)

Mikroplastik wird in zwei Kategorien unterteilt: in primäres und sekundäres Mikroplastik. Beim primären Mikroplastik handelt es sich um winzige Kunststoffteile, welche gezielt von der Industrie hergestellt wurden. Diese finden sich häufig in kosmetischen Pflegeprodukten und Reinigungsmittel wieder, wo sie zum Beispiel in Peelings als Schleif-, Binde- oder Füllmittel zum Einsatz kommen. Dagegen beschreibt das sekundäre Mikroplastik, Kunststoffteile, welche mit der Zeit und durch Umwelteinflüsse wie Sonne und Wasser in kleinste Teilchen zerfallen sind (Cole, Lindeque, Halsband & Galloway, 2011). Plastiktüten zersetzen sich zum Beispiel im Meer durch das Zusammenspiel von UV-Strahlung, Salz und Wellengang (Otte, 2016).

3. Problematik für die Meere

„Die Tiefsee ist für uns Menschen überwiegend noch Mare incognita – unbekanntes Gebiet, das schlechter kartiert ist als der Mars und weniger erforscht als der Mond. Und doch treffen Wissenschaftler dort unten zunehmend auf Spuren unserer Zivilisation: Plastikflaschen und -tüten, Jogurtbecher, Fischnetze, Turnschuhe und Golfbälle." *(Lingenhöhl, 2014)*

Schätzungen zufolge landen jedes Jahr 4,8 – 12,5 Millionen Tonnen Plastikmüll in die Meere (Jambeck, et al., 2015). Dies ist, als würde ein Lastwagen jede Minute seinen gesamten Inhalt in das Meer schütten (Jonas, 2018). Zudem wird von über 5 Billionen Plastikpartikeln mit einem Gesamtgewicht von über 250 000 Tonnen ausgegangen (Eriksen, et al., 2014). Die Meeresschutzorganisation Oceana vermutet, dass weltweit ungefähr 675 Tonnen Müll direkt ins das Meer gelangen, wobei wahrscheinlich die Hälfte davon aus Plastik besteht. Wie viele Tonnen Plastik sich exakt im Meer befinden, kann niemand genau sagen. Vermutungen gehen aber davon aus, dass es sich bereits um mehr als 150 Millionen Tonnen handelt. Weiterführend würden bis zum Jahre 2025 eine Tonne Plastik auf drei Tonnen Fisch kommen. Bis 2050 wird dann das Szenario vorhergesagt, dass sich (als Gewicht gerechnet), mehr Plastikmassen als alle Fische zusammen in den Weltmeeren befinden (Ellen MacArthur Foundation, 2017). Einer der Schwerpunkte der Nachhaltigen Entwicklungsziele, auf die sich die Vereinten Nationen geeinigt haben, liegt bei der Bekämpfung der Meeresverschmutzung. Zu deren Hauptursachen gehört der Plastikmüll. Das „Entwicklungsziel 14" handelt von der Bewahrung der Ozeane, Meere und Meeresressourcen im Sinne einer nachhaltigen Entwicklung (BMZ, 2010 - 2018). Neben Klimawandel, Versauerung der Meere und Artensterben hat das Umweltprogramm der Vereinten Nationen 2018 den Plastikmüll in den Meeren zu einem der sechs dringendsten Umweltproblemen erklärt. Das meiste Plastik ist biologisch nicht abbaubar, weshalb das Plastik in der Umwelt Hunderte oder sogar Tausende Jahre verbleibt. Im Durchschnitt wird Plastik lediglich vier Jahre lang genutzt, wobei es oft auch nur ein einziges Mal verwendet wird (Alessi, 2018). Je nachdem, um welches Plastikprodukt es sich handelt, verbleibt es unterschiedlich lange im Meer. Schätzungen zufolge bleiben beispielsweise eine Zigarettenkippe bis zu fünf Jahre, eine Plastiktüte 20 Jahre, eine Getränkedose 200 Jahre, eine Plastikflasche 450 Jahre, und eine Angelschnur sogar 600 Jahre im Meer (Deltoff, 2016).

3.1 Wie gelangt das Plastik ins Meer?

Weltweit stammen 80 Prozent der Plastikabfälle im Meer von Land und 20 Prozent direkt von See (Otte, 2016; Alessi 2018). Jedes Jahr gelangen dabei bis zu 13 Millionen Tonnen Plastikmüll über Flüsse, durch Wind, Abwässer Sturmfluten oder Hochwasser von Land aus in das Meer. Die Hauptquellen von Plastikmüll an Land sind mangelnde oder fehlende Abfallwirtschaft, legale oder illegale Mülldeponien, Freizeitaktivitäten und Tourismus, Abwässer und Abfälle von Industrieanlagen, Klärwerke und Landwirtschaft. Auf See sind die Hauptquellen Fischerei, Schifffahrten, Offshore-Aktivitäten, Freizeit und Tourismus (Otte, 2016). Um den Reinigungseffekt zu verstärken, enthalten viele Kosmetikprodukte, wie Peelings, Zahnpasta und Shampoo Mikroplastik. Diese kleinen Plastikpartikel gelangen durch das Abwasser ungeklärt ins Meer. Außerdem verlieren viele Kunstfasertextilien, wie Fleecepullover, beim Waschen schätzungsweise 2000 kleine Plastikpartikel, welche so winzig sind, dass sie ungehindert des Siebes oder der Kläranlage in der Waschmaschine das Meer erreichen. Weiterhin wird Müll oft achtlos liegengelassen und besonders in Entwicklungs- und Schwellenländern landet sehr viel Müll direkt vom Land ins Meer. Besonders betroffen sind Tourismus Gebiete, bei denen der Abfall oftmals direkt im Wasser entsorgt wird. Aber auch in Europa gelangt immer wieder Plastikabfall in Flüsse. Trotz weltweitem Verbot der Entsorgung von Plastik auf See, beseitigen viele Schiffe ihren Plastikmüll im Meer. Auch abgesehen von dieser vorsätzlichen Müllbeseitigung, geht immer wieder unabsichtlich Ladung und Container über Board. Die Fischwirtschaft ist mit ungefähr zehn Prozent des Meeresmülls ein großer Verursacher von Müll im Meer. Viele Gerätschaften wie Fangnetze, gehen verloren oder werden im Meer entsorgt. Jahrzehntelang bleiben sie als sogenannte „Geisternetze" in denen sich Tiere verfangen und sterben im Wasser (Drbohlav, o.D.).

Weitere Ursachen für den Eintrag von Plastikabfällen im Meer sind die fehlenden Strukturen zum Sammeln und Verarbeiten von Plastikmüll. In vielen ärmeren Ländern werden weniger als 50 Prozent der Abfälle gesammelt, in manchen ländlichen Regionen wird der Müll gar nicht erst zusammengetragen. Es haben mindestens drei Milliarden Menschen keinen Zugang zu einer kontrollierten Müllentsorgung (Modak, Wilson & Velis, 2015).

3.2 Endstation Pazifik: „Great Pacific Garbage Patch"

„Die Zeitungen sind voll mit Artikeln über den größten Müllstrudel im Zentralpazifik, den Great Pacific Garbage Patch, in dem Umwegen Plastikpartikel herumtreiben" (Cresse, 2016: 29)

Mindestens fünf Müllstrudel soll es in der Welt geben. Diese befinden sich im Nord- und Südpazifik, im Nord- und Südatlantik und im südlichen Indischen Ozean. Im größten, bekannten Müllstrudel kann man das gewaltige Ausmaß des Plastikmülls im wahrsten Sinne des Wortes sehen: der sogenannte „Great Pacific Garbage Patch", was übersetzt so viel wie „Großer Pazifikmüllfleck" bedeutet, wurde 1997 entdeckt und umfasst die ungefähre Größe Mitteleuropas (Otte, 2016). Er befindet sich in der im Uhrzeigersinn drehenden Meeresströmung des Pazifiks, zwischen Hawaii und Nordamerika. Der Meeresforscher Laurent Lebreton hat mit seinem Team, zu welchem auch Mitarbeiter der Technischen Universität München und der Universität Oldenburg zählen, das Gebiet sorgfältig erforscht. Von 18 Schiffen aus, wurden von Juli bis September 2015 mit Netzen Abfall aus dem Meer gefischt. Dieses wurde anschließend analysiert und ausgewertet. Weiterhin wurden auf zwei Flügen mithilfe von Luftaufnahmen größere Areale begutachtet und in Modelle von Meeresströmungen übertragen. Festgestellt wurde unter anderem, dass sich knapp 80.000 Tonnen Plastik in einer Fläche von 1,6 Millionen Quadratkilometern befindet. Da 60 Prozent des produzierten Kunststoffs, eine geringere Dichte als das Wasser im Meer hat, sinken die Teile nicht auf den Meeresgrund, sondern treiben mit der Strömung in bestimmte Meeresgebiete (Willems, 2018; Bojanowski, 2018; Mast & Stockrahm, 2018). Diese Akkumulationszone liegt grob zwischen dem 36. und 47. nördlichen Breitengrad und dem 139. und 159. westlichen Längengrad. Die Autoren des Forschungsteams schreiben außerdem: *„Plastik war mit Abstand der dominanteste Typ von Meeresmüll und stellte mehr als 99,9 Prozent der 1.136.145 Teile und 668 Kilo treibender Teile, die wir mit unseren Netzen sammelten."* (Bojanowski, 2018)

4. Auswirkungen auf die Tiere

Die Reste unserer Wegwerfgesellschaft bezahlen jedes Jahr bis zu 100.000 Meeressäuger und eine Millionen Meeresvögel mit dem Leben (Detloff, 2016).

Makro- und Mikroplastik fügen den Meerestieren auf unterschiedliche Weise Schaden zu (Moek & Rutke, 2016). Neben sehr vielen anderen Meerestieren, verfangen sich schätzungsweise zwischen 57.000 und 135.000 Wale, Robben und Seehunde in Tauen und Netzen (UNEP, 2016). In den Geisternetzen, Fischernetzen oder Langleinen, die im Meer verloren gehen oder verbotenerweise dort entsorgt werden und dann jahrzehntelang im Meer herumtreiben, verfangen sich viele Meeressäuger und erleiden bei Befreiungsversuchen schwere oder tödliche Verletzungen (Detloff, 2016; Cresse, 2016) strangulieren sich selbst oder ertrinken (Otte, 2016). Sixpack-Ringe und Verpackungen können die Tiere ebenfalls verstümmeln. Auch die äußerst seltene Mönchsrobbe ist den Geisternetzen bereits zum Opfer gefallen (Alessi,2018). Zudem verwenden Seevögel, wie die Basstölpel auf Helgoland, teilweise Plastikschnüre um ihre Nester zu bauen. Diese Schnüre stammen meist von den Scheuerschutzmatten aus der Grundschleppnetzfischerei, den sogenannten Dolly Robes. Für Jungvögel werden diese dann oft zur Todesschlinge, wenn sie sich im Nest an ihnen erhängen (Otte, 2016). Weltweit wurden bislang Tiere aus 344 verschiedenen Arten gefunden, die sich in Plastikmüll verfangen hatten. Betroffen sind insbesondere Meeresschildkröten mit 90 Prozent, Vögel mit 35 Prozent, Fische mit 27 Prozent, Wirbellose mit 20 Prozent und Meeressäuger mit 13 Prozent (Alessi, 2018). Durch das Ablagern von Plastikabfall werden auch Korallenriffe und andere Lebensräume von Meereslebewesen geschädigt oder zerstört. Zudem nutzen Organismen Plastikmüll manchmal als Floß, um in andere, fremde Lebensräume einzudringen. In Korea ist die Massenausbreitung einer Quallenart teilweise durch Plastikmüll entstanden, den die Quallenlarven zum Transport genutzt haben (UNEP, 2016).

Eine ebenso große Gefahr für die Meeresbewohner ist das Verwechseln von Plastik mit Nahrung. Da der Kunststoff nicht verdaut werden kann, verhungern viele Tiere mit vollem Magen. Sie fühlen sich durch das Plastik bereits gesättigt, wodurch das Hungergefühl ausfällt und sich kein Fett aufbauen kann (Otte, 2016). Außerdem können durch das Verschlucken von Plastik Darmverschlüsse, Geschwüre, Zellnekrose, Gewebeperforationen und offene Wunden entstehen, welche in den meisten Fällen zum Tod führen (Alessi, 2018). Beispielsweise verwechseln Meeresschildkröten Tüten mit Quallen und Seevögel verschlingen Spielzeug und Zahnbürsten und verfüttern diese dann an ihre Jungen. Durch das unverdauliche Material wird der Verdauungsapparat der Tiere verstopft und sie verhungern entweder oder erliegen inneren Verletzungen (NABU, 2016). Im Bauch von 90 Prozent aller Eissturmvögel, die tot an die Nordseeküste gespült werden, befinden sich Plastikteile (Cresse, 2016). Wird die Vermüllung der Meere durch Plastik nicht schnellstmöglich dezimiert, kann sich bis 2050 die Zahl auf 99 Prozent erhöhen (Alessi, 2018). 15 Prozent von den 633 Tierarten, in deren Magen Plastikmüll entdeckt wurde, oder die sich in Plastik verfangen hatten, sind vom Aussterben bedroht (UNEP, 2016). Betrachtet man das Mittelmeer, so wurde dort bereits in 134 Tierarten Plastikmüll im Körper gefunden, darunter 60 Fischarten, alle drei heimischen Meeresschildkröten, neun Seevogelarten und fünf Meeressäugerarten. Darunter zählen Pottwale, Finnwale, Tümmler, Rundkopfdelfine und Fleckendelfine. Der wahrscheinlich bekannteste und schwerwiegendste Fall ist ein an Land gespülter Pottwal. In dessen Magen befanden sich eine 9 Meter lange Angelschnur, ein 4,5 Meter Flexschlauch, zwei Plastik-Blumentöpfe und mehrere Plastikplanen (Alessi, 2018). Anhand einiger Beispiele lässt sich erklären, wieso die Tiere Plastik so oft mit Nahrung verwechseln. Seevögeln passiert dies beispielsweise deshalb, weil sie ihre Nahrung am Geruch erkennen. Da sich Algen und Bakterien oft auf Plastik ansiedeln und einen starken Schwefelgeruch ausströmen, tappen die Seevögel in diese „Geruchsfalle" und fressen daraufhin das Plastik. Ebenso ist es bei Fischen, die von Mikroplastik angezogen werden, welches nach ihrer Hauptbeute, der Krebsart Krill, riecht. Dagegen erkennen Meeresschildkröten ihre Nahrung bzw. Beute am Aussehen. Umhertreibende Plastiktüten halten sie für Quallen und fressen diese. Vor allem Jungtiere sind betroffen, da sie sich lange auf offener See befinden, wo sich durch die Strömungen besonders viele gefährliche Ansammlungen von Plastikabfällen befinden. Bereits 50 Prozent der gesamten Meeresschildkröten hat Plastik in irgendeiner Form zu sich genommen (Alessi, 2018). Mikroplastik nehmen vor allem kleine Tiere wie beispielsweise Miesmuscheln, die Gemeine Strandkrabbe, die Rote Meerbarbe und Schollen zu sich. Sogar in der winzigen Welt der mikroskopischen Lebewesen wird Plastik aufgenommen. Zooplankton, winzige Organismen, die den Anfang der marinen Nahrungskette bilden, nehmen Plastikfragmente auf (Alessi, 2018).

Im Folgenden werden einige weitere Beispiele der Folgen von „Geisternetzen" beschrieben. Im Schwarzen Meer vor Rumänien und Bulgarien sterben jedes Jahr Hunderte Delfine in Stellnetzen. Dies passiert vor allem dann, wenn Polizei und Küstenwache zu Kontrollen unterwegs sind und deshalb illegale Fischer ihre Netze kappen. In der mexikanischen Küste lebt der kleinste und seltenste Wal der Welt. Der Vaquita („kleine Kuh") ist ein Schweinswal, dessen Augen aussehen, als seien sie geschminkt worden. Von dieser seltenen Art leben nur noch 30 Exemplare. Da sie in der Nähe von Fischen leben, welche von Wilderern mit

Stellnetzen gefangen werden, gerät der Vaquita oft in die Stellnetze hinein, die zurückgelassen statt abgebaut werden. Vaquitas reagieren panisch auf die Netze und verheddern sich darin, wodurch sie nicht an die Oberfläche zum Atmen gelangen und ertrinken. Helgoland ist die Heimat der einzigen deutschen Basstölpelkolonie. Die Nistplätze von diesen Seevögeln wurden von Forschern des Umweltbundesamtes untersucht, wobei in 98 von 100 Nestern Überbleibsel von Netzen und Leinen gefunden wurden. Dadurch, dass sich viele Vögel selbst strangulieren, ist die Sterblichkeitsrate zwei-bis fünfmal so hoch wie gewöhnlich. Auch in der Ostsee verenden jedes Jahr Hundert Tonnen Kabeljau in Geisternetzen (Habekuß, 2018).

4.1 Meeresschildkröten

Da aktuell besonders viel von Meeresschildkröten berichtet wird, die von der Vermüllung der Meere betroffen sind, wird in diesem Abschnitt nochmal genauer darauf eingegangen. Inzwischen sind bereits sechs von insgesamt sieben Meeresschildkrötenarten vom Aussterben bedroht, wie beispielsweise die grüne Meeresschildkröte, welche inzwischen mehr Müll zu sich nimmt als je zuvor. Die Wahrscheinlichkeit, dass die grüne Meeresschildkröte Plastikmüll frisst, hat sich in den letzten 25 Jahren verdoppelt. Sie wird oft auch Suppenschildkröte genannt, kann bis zu eineinhalb Meter groß und 80 Jahre alt werden. Ebenso sind die Reste von Fischerei-Zubehör, wie Netze und Schnüre lebensbedrohlich für die Schildkröten (Pak, 2013). Dass viele Meeresschildkröten Plastiktüten nicht von Quallen unterscheiden können, wurde bereits geschildert. Zusätzlich hat sich herausgestellt, dass besonders junge Meeresschildkröten von dem Plastikmüll bedroht sind (Stein, 2015). Dafür haben Wissenschaftler verschiedener Forschungseinrichtungen knapp 250 tote Meeresschildkröten untersucht und festgestellt, dass sich in mehr als jedem zweiten kleineren Jungtier Plastikteile im Magen-Darm-Trakt befanden. Bei den größeren Jungtieren waren es knapp in jedem vierten und in ausgewachsenen Schildkröten grob in jedem sechsten. Lediglich in frisch geschlüpften Schildkröten wurde kein Plastik vorgefunden (dpa, so & RND, 2018). Erklärungen dafür könnten sein, dass Jungtiere sich vor allem in küstennahen Gebieten und nahe der Wasseroberfläche befinden und dort nach Nahrung suchen. Außerdem wird ein Lerneffekt vermutet, der verdeutlicht, dass ältere und ausgewachsene Schildkröten mit wachsender Erfahrung eher kennen, was sie fressen dürfen und was nicht (Winter, 2018; dpa, 2018). Beispielsweise gehen vor allem die Jungtiere der Unechten Karettschildkröte öfter als ältere Tiere gezielt auf Quallenjagd, wobei sie dementsprechend auch öfter Plastiktüten aufnehmen (dpa, so & RND, 2018). Zudem wollten die Forscher speziell herausfinden, inwieweit das Sterblichkeitsrisiko mit der Anzahl der aufgenommenen Plastikmenge zusammenhängt. Erwartungsgemäß fanden sie heraus, dass die Sterbewahrscheinlichkeit der Tiere prozentual mit der aufgenommenen Plastikmenge korreliert. Bei 14 Plastikteilen im Körper besteht eine 50 Prozent Chance auf den Tod der Tiere. Zudem zeigen die Zahlen der Studie, dass sich in 90 Prozent der jugendlichen grünen Meeresschildkröten im Südwestatlantik vor der Küste Brasiliens und in 80 Prozent der unechten Karettschildkröte im westlichen Mittelmeer Plastikteile im Körper befanden. 100 Prozent der Meeresschildkröten vor der brasilianischen Küste hatten Plastik zu sich genommen (Winter, 2018; dpa, 2018).

4.2 Korallenriffe

„Leuchtende Korallenbänke und gigantische Fischschwärme, mächtige Mantarochen und winzige Meeresschnecken: Die Unterwasserwelt im Korallendreieck ist beeindruckend." *(Bauske, 2016)*

Als sogenannter „Amazonas der Weltmeere", bietet das Korallendreieck vielen verschiedenen Tierarten eine Heimat. Dort befinden sich mehr als 3000 Fischarten, 600 Korallenspezies und sechs der sieben existierenden Arten der Meeresschildkröten. Zudem kommen dort seltene Arten wie beispielsweise der Dugong, als der einzige heute noch lebende Vertreter der Gabelschwanzseekuh und der Blauwal, als größtes Tier der Erde, vor. Diese artenreiche Meeresregion befindet sich im Indopazifik, erstreckt sich über sechs Millionen Quadratkilometer und umfasst die Länder Indonesien, Malaysia, Papua-Neuguinea, die Philippinen, die Salomonen und Osttimor (Bauske, 2016). Aber nicht nur durch Klimawandel, Erwärmung und Versauerung der Meere werden die Korallenriffe belastet, sondern auch durch die rund 350 Millionen Einwohner dort werden diese zunehmend mit Plastik vermüllt. Aufgrund der vielen Lagunen des Korallendreiecks und der daraus resultierenden schwachen Strömung, verharrt der größte Teil des Plastikabfalls auch dort. Das hat fatale Folgen, wie beispielsweise, dass dadurch das Krankheitsrisiko der Korallen erheblich steigt (Bauske, 2016) und das Plastik die Korallen wund schürft, mit Bakterien infiziert oder des Lichtes beraubt (Westram, 2018).

Ein Team rund um die Forscherin Joleah Lamb von der Cornell University in Ithaca haben zwischen 2011 und 2014 mehr als 124.000 Korallen aus 159 Riffen im asiatisch-pazifischen Raum untersucht. Etwa 55 Prozent aller Korallenriffe auf der Welt sind in der Asien-Pazifik-

Region beheimatet. Dabei wurde der Frage nachgegangen, inwieweit dort Plastik zu finden ist und ob die Korallen Krankheitszeichen aufweisen. Es stellte sich heraus, dass es einen Zusammenhang gibt, da ohne Plastikmüll das Risiko einer Erkrankung bei etwa vier Prozent und die durch Plastik verschmutzten Riffe ein Krankheitsrisiko von bis zu 89 Prozent hatten (Garms & dpa, 2018; Seidler, 2018). Es wurden etwa 11,1 Milliarden Plastikteilchen in den Riffen gefunden, und Schätzungen gehen davon aus, dass sich diese Zahl bis 2025 auf 15,7 Milliarden steigert (Seidler, 2018). Insgesamt wurden auf einem Drittel der untersuchten Riffe Plastikteile mit einem Durchmesser von mehr als fünf Zentimeter gefunden. Zudem zeigten stark verzweigte Korallenriffe höhere Plastikverschmutzung auf als einfach gebaute Riffe. Vermutungen, weshalb das Krankheitsrisiko steigt, gehen unter anderem davon aus, dass die Nesseltiere durch die Plastikteile derart verletzt werden, dass Krankheitserreger leichter in die Tiere eindringen können. Studien belegen, dass sich durch das Ansiedeln des Wimperntierchen Halofolliculina corallasia auf den Korallen die sogenannte Skeletal Eroding Band-Erkrankung entstehen kann. Winzige Organismen, die sich auf dem Plastik vermehren, könnten ebenfalls Krankheiten hervorrufen. Möglich ist außerdem, dass Plastikteile das Sonnenlicht blockieren und die daraus entstehenden sauerstoffarmen Bedingungen die Schwarz-Band-Krankheit begünstigt. Überdies kann das durch Verletzungen geschwächte Immunsystem Krankheitserreger schlechter abwehren. Die Tatsache, dass Plastikmüll Korallen derart krank machen kann, hat weitreichende Folgen. Es wurden in den letzten 40 Jahren bereits 40 Prozent der Riffe im Korallendreieck zerstört, und von den übrigen gelten mehr als drei Viertel als bedroht. Wenn diese Entwicklung so weitergeht, sind bis zum Jahr 2030 fast alle Riffe in Gefahr. Daraus würde ein massenhaftes Korallensterben einhergehen, wodurch das gesamte Ökosystem im Korallendreieck geschädigt wird und der Lebensraum für die vielen anderen Lebewesen verloren geht. Beispielsweise leben viele kleine Fische im Schutz der Weichkorallen und andere Arten nehmen Korallen als Nahrung auf. Weiterhin würde die Existenzgrundlage vieler Menschen bedroht sein, die direkt vom Korallendreieck oder indirekt von der Fischerei lebt. Zum Beispiel ernähren sich 80 Prozent aller Bewohner auf den Salomonen von den Fischbeständen in den Riffen. Die Tourismusbranche wäre ebenfalls betroffen, da das Fehlen der auffallenden Artenvielfalt in den Korallenriffen die Urlauberzahlen senken könnte, wodurch Arbeitsplätze und notwendige Einnahmen verloren gehen würden. Ebenso würde der natürliche Schutzwall, der fast die Hälfte der gesamten Küstenregion schützt, verschwinden und die Ortschaften wären den Naturgewalten wie Wind und Verwitterungsprozessen ausgesetzt (Bauske, 2018).

4.3 Plastisphäre

Eine Studie hat erstmals gezeigt, dass der Plastikmüll nicht nur die Lebensräume vieler Meeresbewohner zerstört und bedroht, sondern parallel auch ein neues Ökosystem entstanden ist. Dieses Plastikökosystem hat den Namen „Plastisphäre" erhalten. Das Forschungsteam rund um den Mikrobiologen Erik Zettler untersuchte Plastik aus der Meeresströmung am Nordatlantik. Mithilfe von Genanalysen konnten auf den winzig kleinen Plastikteilchen, die meistens eine Größe von unter einem halben Zentimeter aufwiesen, eine sehr vielfältige Anzahl von Lebewesen aufgezeigt werden. Scheinbar nutzten die Bakterien das Plastik als Nahrung, da die Auswertungen im Labor gezeigt haben, dass manche Bakterien kleine Löcher in das Plastik gefressen hatten. Aufgrund des Nährstoffgehalts der untersuchten Meeresregion, ist davon ausgegangen worden, dass Bakterien, die Kohlenwasserstoffe verdauen, dort nicht leben können. Dies könnte jedoch als Erklärung für die kleinen Löcher gesehen werden, da diese möglicherweise vom Stoffwechsel der Bakterien stammen. Ebenso könnte damit eventuell erklärt werden, wieso die Plastikkonzentration im Nordatlantikwirbel zwischen 1986 und 2008 nicht gestiegen ist. Die Bakterien könnten die Kunststoffe aufgefressen oder zerkleinert haben, wodurch diese schneller auf den Grund des Meeres gesunken sein können. Dadurch wird die Problematik aber nicht einfach „weggefressen". Im Gegenteil, in der Plastisphäre wurden auch krankheitserregende Kleinstlebewesen gefunden, deren Auswirkungen größtenteils noch ungeklärt sind. Bei einigen Proben fanden die Forscher Bakterien der Gattung Vibrio, deren bekanntester Vertreter Cholera auslöst (Zettler, Mincer & Amaral-Zettler, 2013).

4.4 Plastik in Fisch und Meeresfrüchten

Das Mikroplastik wird von den Meeresorganismen auf unterschiedliche Art aufgenommen. Schalentiere wie Muscheln und Austern filtern ihre Nahrung aus dem Wasser, was einen weitgehend nicht selektiven Prozess darstellt. Selektiver ernähren sich dagegen Krabben und Fische, die ihre Nahrung über ihre Mundöffnung zu sich nehmen. Die Plastikpartikel können dabei auf zwei Wegen aufgenommen werden. Entweder direkt, wenn das Mikroplastik für ein Beutetier gehalten wird, oder indirekt indem sie Tiere essen, welche bereits Plastik zu sich genommen haben. Es existieren auch einige Arten, wie beispielsweise frisch geschlüpfte Zanderlarven, die Mikroplastik ihrer eigentlichen Nahrung mit Zooplankton vorziehen und es aktiv als Nahrung auswählen (Miller, et al., 2016). Es wurde in einer Studie mit Fischen aus der Nord- und Ostsee, darunter befanden sich Kabeljau, Flunder und Makrele, festgestellt, dass sich bei 5,5 Prozent der Tiere Mikroplastik im Verdauungstrakt befand. Eine weitere Studie mit Petersfisch und Wittling aus dem Englischen Kanal zeigte einen Plastikbefund in mehr als einem Drittel der Fische. Auch Krusten- und Schalentieren, wie Miesmuscheln und Garnelen von der deutschen Nordseeküste sind von Mikroplastik betroffen (Schöttner & Bayona, 2016). Pazifische Austern von der französischen Atlantikküste enthielten ebenfalls Kunststoffteilchen, wie eine Feldstudie zum Kaisergranat vor der Küste Schottlands zeigte. Bei 83 Prozent der 120 untersuchten Tiere konnten Plastikfasern im Magen festgestellt werden. Daraus schlossen die Forscher, dass sich Mikroplastik in Hummer anreichern kann (Dörhöfer, 2016). Kleine Meeresorganismen stellen Beutetiere für andere Tiere dar, welche höher in der Nahrungskette stehen. Plastikpartikel können dadurch vom Beutetier auf dessen Prädator übertragen werden (Schöttner & Bayona, 2016).

4.5 Schleichende Vergiftung

Nicht nur Plastik, sondern auch eine Menge Schadstoffe werden von den Meeresbewohnern mitgegessen (Hecking, et al., 2018). Organische Schadstoffe, wie etwa Pestizide, Phtalate, PCB und Weichmacher werden dem Plastik entweder während des Herstellungsprozesses hinzugefügt oder durch das Meerwasser aufgenommen. Diese chemische Verschmutzung kann eine langsame Vergiftung der Meere bewirken. 78 Prozent der Stoffe aus dem Plastikmüll im Meer sind giftig, sammeln sich im Gewebe lebender Organismen an und fügen ihnen gesundheitliche Schäden zu. Zudem verfallen sie nicht und bleiben lange Zeit unverändert.

„Die Konzentration giftiger Verbindungen in Plastik kann bis zu eine Million Mal so hoch sein wie ihr natürliches Vorkommen im Meerwasser." (Alessi, 2018: 19)

Für Getränkeflaschen und Plastiktüten wird der Kunststoff Polyethylen (PE) benutzt, worin sich mehr organische Schadstoffe befinden als in allen anderen Formen von Kunststoff. Je länger Organismen leben, desto mehr giftige Substanzen nehmen sie auf, wodurch das Plastik als eine Art tickende Zeitbombe im Körper des Lebewesens fungiert. Plastik kann im Körpergewebe bis zu 30-mal mehr Giftstoffe freisetzen als im Meerwasser. Je nachdem wie schnell der Körper die Schadstoffe löst, werden eher elementare biologische Prozesse gestört, wie beispielsweise, dass der Hormonhaushalt verändert oder die Leber geschädigt wird. Als Folge können die Bewegungs- und Reproduktionsfähigkeit und das Wachstum eingeschränkt sein, sowie Krebserkrankungen und genetische Veränderungen begünstigt werden (Alessi, 2018).

6. Folgen für die Menschen

Da Studien gezeigt haben, dass es möglich ist, dass Mikroplastik in der Nahrungskette angereichert werden kann, werden diese letztlich auch vom Menschen, die am Ende der Nahrungskette stehen, mitgegessen (Hecking et al., 2018). Forscher, die sich mit Mikroplastik in Miesmuscheln und Austern, welche für den menschlichen Verzehr gezüchtet wurden, beschäftigt haben, gaben die Schätzung ab, dass ein europäischer Konsument beim durchschnittlichen Konsum von Schalentieren bis zu 11.000 Mikroplastikteilchen zu sich nimmt (Alessi, 2018). In einer Mahlzeit Muscheln befinden sich schätzungsweise 90 Partikel Mikroplastik (Moek & Rutke, 2016). Das Umweltprogramm der Vereinten Nationen (UNEP) geht zwar davon aus, dass Mikroplastik in Fischen und Meeresfrüchten derzeit kein Gesundheitsrisiko für den Menschen darstellt, jedoch eine „Restunsicherheit" nicht auszuschließen ist. Wie toxisch die Partikel auf den menschlichen Körper sind, ist noch ungeklärt, da nicht genügend Daten zur Verfügung stehen. Dennoch wird davon berichtet, dass Mikroplastik potenziell Krankheitserreger übertragen kann. Doch die Forschung über die genauen Auswirkungen von Mikroplastik steckt noch in den „Kinderschuhen" (Hecking et al.,2018; Miller et al., 2016; Dörhöfer, 2016). Plastik schadet nicht nur der Gesundheit, sondern hat auf den Menschen auch direkte ökonomische Folgen (Moek & Rutke, 2016). Die Plastikverschmutzung wirkt sich negativ auf zentrale Wirtschaftssektoren des Meeres aus. Besonders betroffen sind Fischwirtschaft und Tourismus (Alessi, 2018). Wenn zu den Fischen zusätzlich auch Plastik in den Fangnetzen landen, wird die Fangmenge verkleinert. Auch durch die Geisternetze, in denen sich Meerestiere verfangen und sterben, wird der Fischfang geschädigt. Global sind im Hummerfang durch Geisternetze bereits 160 Millionen Euro Verlust zu melden (Moek & Rutke, 2016). Auch Makroplastik verursacht hohe Kosten, da Schiffe und deren Equipment, wie Bootspropeller, Netze und Filteranlagen beschädigt werden und immense Zusatzkosten für die Reparatur notwendig sind (Detloff, 2016; Moek & Rutke, 2016). Allein in der EU sind jährliche Wirtschaftseinbuße von über 61 Millionen Euro zu verzeichnen (Alessi, 2018). Zusätzlich wirken sich die verschmutzen Strände negativ auf den Tourismussektor aus, da die Besucher fernbleiben, in Folge Arbeitsplätze ausfallen und höhere Kosten für die Reinigung der Strände und Häfen benötigt werden (Alessi, 2018; Moek & Rutke, 2016). Außerdem entstehen durch die Erhebung der Müllbelastung sowie durch die Vorsorge- und Aufklärungsprogramme weitere Kosten (Umweltbundesamt, 2010).

7. Lösungsansätze

Plastikverschmutzung ist ein weltweites Problem. Es gibt eine Vielzahl an Lösungsansätzen, welche sowohl kurzfristig als auch langfristig angelegt sind. Dabei müssen Wirtschaft, Politik und Verbraucher zusammenarbeiten. Hauptziel muss vor allem sein, die stetige Zufuhr von neuem Plastikmüll in die Meere zu stoppen oder zumindest bedeutsam zu reduzieren (Moek & Rutke, 2016). Auf internationaler Ebene ist es entscheidend, einen Abschluss eines rechtsverbindlichen internationalen Abkommens zu schließen, das den Eintrag des Plastikmülls reduziert und verbindliche nationale Ziele der Reduzierung, Überwachungs- und Evaluationsrahmen und Finanzmechanismen enthält. Zusätzlich sollten internationale Recycling Vorgaben für Plastikmüll festgelegt werden (Alessi, 2018). Einige politische Maßnahmen existieren bereits, wie das Verbot von Müllentsorgung auf dem Meer, vor allem bei großen Frachtschiffen. Die Einhaltung muss jedoch entsprechend überprüft und bei Verstößen geahndet werden (Moek & Rutke, 2016). Eine staatliche Erfassung von Geisternetzen gibt es bisher nicht. Daher sollte es abgesehen von der Umsetzung der bestehenden Gesetze, für die Rückverfolgung zum Besitzer eine verpflichtende Kennzeichnung aller Netze geben. Außerdem sollten eine angemessene Entsorgung sowie ein Verbot von Dolly Robes aus Plastik durchgeführt werden (Maack, 2016). In den einzelnen Ländern muss das integrierte Abfallmanagementsystem weiter ausgebaut werden. Die EU sollte dafür in nützliche Mülltrennung investieren. Weiterhin sollte die Recyclingquote für Plastikmüll in den nächsten Jahren auf 100 Prozent erhöht werden. Dafür sollten die Gebühren für recyclinggerechte Verpackungen herabgesetzt werden, um den Herstellern einen Anreiz zu bieten (Alessi, 2018). Produkte müssen so hergestellt werden, dass sie reparierbar, recycelbar und die Rohstoffe über den Lebenszyklus eines Produkts hinaus wieder ausnahmslos in den Produktionsprozess zurückfinden können (Otte, 2016). Weiterhin sollte ein Verbot von Einwegplastiktaschen aller Art und Mikroplastik in Verbraucherartikeln wie Waschmitteln und Kosmetik eingeführt werden (Alessi, 2018). Unternehmen müssen hierfür Lösungen entwickeln, mit denen die Freisetzung von Mikroplastikfasern bei Waschprozessen von Bekleidung verringert wird. Zusätzlich sollten Einwegprodukte wie „Coffee-to-go-Becher" vermeidet werden. Die Tourismusindustrie kann durch Verzicht von Einwegartikeln in Hotels bereits einen großen Beitrag zur Vermeidung von Plastikabfall beitragen. Zudem sollte ein internes und wirksames Abfallsammelsystem in Hotels und auf Schiffen eingeführt werden, sowie Aufklärungsarbeit für einen bewussteren Umgang mit Plastikmüll für die Gäste geleistet werden. Auch jeder einzelne Verbraucher kann dazu beitragen, dass die Meere gerettet werden. Allen voran ist es entscheidend, möglichst auf Plastikverpackungen zu verzichten. Dabei sollten Produkte aus natürlichen Werkstoffen oder recycelten Material bevorzugt werden. Außerdem sollten Lebensmittel in Mehrwegbehälter, zum Beispiel aus Glas, aufbewahrt werden und im Optimalfall kann man unverpackt einkaufen gehen. Statt mit Plastiktüten, sollten Verbraucher mit Rucksack, Korb oder Stofftasche einkaufen gehen. Diese sind nicht nur robuster, ihre Ökobilanz fällt bei mehrmaliger Nutzung auch deutlich besser aus (Alessi, 2018). Zudem sollte größtenteils auf Einweggeschirr und „Becher-To-Go" verzichtet werden. Eine Alternative stellen Thermobecher dar, welche sich immer wieder mitnehmen lassen. Als Verbraucher ist es ebenfalls wichtig, bei Gelegenheit den Müll aufzuräumen oder bei Müll-Aufräumaktionen mitzumachen, da Plastik nicht nur über Strände, sondern auch über Flüsse ins Meer gelangt. Weiterhin sollte bei Kosmetik und Körperpflegeprodukten auf die Inhaltsstoffe geachtet werden (Detloff, 2016). Es gibt Alternativen, wie Naturkosmetik, welche ohne Plastikzutaten auskommen. Greenpeace hat dafür einen Ratgeber herausgebracht, der alle Stoffe auflistet, die auf künstliche Polymere hinweisen (Schöttner, 2017). Es sollten unter anderem auf die Inhaltsstoffe Polyethylen (PE), Polypropylen (PP) und Nylon geachtet werden, bei welchen es sich allesamt um Plastik handelt (Schöttner, 2017; Alessi, 2018). Da in keinem anderen Land der EU so viel Plastik wie in Deutschland verbraucht wird, ist es umso wichtiger, auf die Mülltrennung zu achten, damit dieser Wertstoff wiederverwertet werden kann. Da Plastik im Alltag so allgegenwärtig und im Bewusstsein scheinbar derart unverzichtbar geworden ist, ist vor allem ein generelles Umdenken notwendig und bedeutsam. Auch wenn der einzelne Verbraucher Plastik größtenteils zu vermeiden versucht, so sind aufgrund der alltäglichen Dinge, wie Zahnbürste oder Kinderspielzeug welche aus Plastik bestehen, vor allem die Industrie und die lenkende Politik gefragt, um dem Verbraucher an solchen Stellen erst die Möglichkeit zu geben, auf Plastik zu verzichten (Moek & Rutke, 2016).

Im Folgenden werden zwei sehr aktuelle Projekte vorgestellt, die sich konkret mit der Bekämpfung der Plastikproblematik befassen.

7.1 The Ocean Cleanup

Eine einzigartige Säuberungsaktion hat mit dem Projekt „The Ocean Cleanup" gestartet. Der 24-jährige Boyan Slat, der von vielen anfangs belächelt wurde, hat nun nach monatelanger Vorbereitung sein faszinierendes Müllsammelprojekt umgesetzt (nis, hda, mho & dpa, 2018). Investoren, Unternehmen und zahlreiche Universitäten unterstützen dabei das Millionenprojekt des Niederländers (dpa, dt & sst, 2018). Es handelt sich um einen 600 Meter langen Schwimmkörper, der an der Wasseroberfläche sitzt und einem darunter liegendem drei Meter tiefen Rohr, welches den Plastikmüll auffängt. Anschließend wird es von Schiffen abtransportiert. Das System ist so konzipiert, dass es sowohl wenige Millimeter kleine bis sehr große Plastikteile, wie etwa Geisternetze, erfassen kann. Die Organisation erklärt, dass die Meeresbewohner davon nicht beeinflusst werden und unter der Wand hindurchschwimmen können (The Ocean Cleanup, 2018a). In der Bucht von San Francisco ist die Konstruktion „System 001" am 08. September 2018 gestartet, mit dem Ziel den Müllfänger zum größten Nordpazifikstrudel, dem „Great Pacific Garbage Patch" zu schleppen (The Ocean Cleanup, 2018b). Sollte die Generalprobe mit „System 001" positiv verlaufen, sollen weitere 60 dieser Systeme im Pazifik installiert werden (nis, et al., 2018; dpa, et al., 2018). Zwar wird der Einsatz des Teams um Slat von Meeresforschern und Wissenschaftlern gelobt, allerdings wird ebenfalls angemerkt, dass das Projekt die Problematik nur in sehr begrenzten Umfang beheben kann. Es sollen mit dem System innerhalb der nächsten fünf Jahre 35.000 Tonnen Plastikmüll eingesammelt werden. Trotzdem ist diese große Menge vergleichsweise sehr gering, da es schätzungsweise nur 0,5 Prozent des Plastiks, das jährlich in die Weltmeere gelangt, beseitigen kann. Zudem werden damit nur die Symptome gemildert, das generelle Müllproblem muss jedoch an Land gelöst. Die Tiefseeökologin Melanie Bergmann vom Alfred-Wegener-Institut beschreibt zusätzlich, dass die kleinen Mikroplastikteilchen das weitaus größere Problem darstellen und diese sich nicht in erreichbarer Nähe für die Filteranlagen von The Ocean Cleanup befänden, sondern meistens an den Grund des Bodens sinken (dpa, et al., 2018).

7.2 Share

Im Kampf gegen den Plastikmüll bringt das Berliner Start-Up mit „Share" die erste voll recycelte Plastikflasche auf den Markt (Krohn, 2018; Rosenback & Salden, 2018). Share basiert auf dem 1 +1 Prinzip, womit es zweifach Gutes tun will. Mit dem Kauf eines Produktes wird nicht nur der Umwelt geholfen, sondern gleichzeitig auch Menschen in Not (Share, 2018a). Das Unternehmen sieht sich als soziales Unternehmen, welches Verantwortung für die Welt übernehmen und versuchen will immer die besten und nachhaltigsten Alternativen für Verpackungen zu entwickeln. Dabei werden ihre Produkte aus vollständig wiederverwendetem Plastik hergestellt. Das bereits genutzte Plastik wird in einem neuen Recycling-Prozess sortiert, zerkleinert, gesäubert und anschließend zu neuen Flaschen verarbeitet. Dadurch werden keine neuen Rohstoffe verbraucht und jährlich etwa 200 Tonnen Plastikmüll vermieden. Dabei erklären sie: *„Wenn alle deutschen Hersteller von nicht-alkoholischen Getränken auf diese Flaschen umsteigen würden, könnten wir gemeinsam ganze 300 000 Tonnen Plastikmüll einsparen!"* (Share, 2018b). Das Unternehmen hat sich bei ihrem Alpenwasser bewusst für PET-Flaschen entschieden, da diese aufgrund ihres geringeren Gewichts und der hohen Recyclingrate im Vergleich zu Glasflaschen keine Nachteile bezüglich der Ökobilanz aufweisen (Share, 2018c.) Zudem wird bei der sozialen Nachhaltigkeit darauf geachtet, dass bei unterschiedlichen Situationen auch unterschiedliche Lösungen notwendig sind. Deshalb wird sowohl die akute Nothilfe, die bei Krieg oder Hungernot hilft sowie Projekte der langfristigen Entwicklungshilfe bei schlechter Infrastruktur oder Armut unterstützt, angeboten. Für seine sozialen Interventionen arbeitet Share mit Kooperationspartner, wie der Welthungerhilfe, dem Welternährungsprogramm, der Aktion gegen den Hunger und der Berliner Tafel e.V. eng zusammen (Share, 2018d). Da der Deckel der Wasserflasche gesetzlich nicht aus Recyclingmaterial bestehen darf, hält das Unternehmen an, den Deckel an die Deckel-gegen-Polio-Initiative zu spenden, wodurch sowohl das Material vollständig recycelt werden kann als auch Polio-Impfungen für Kinder auf der ganzen Welt ermöglicht werden können (Share, 2018b.) Die Produkte bestehen derzeit aus Bio-Nussriegeln, Handseife und Alpenwasser (Share, 2018e.). Nach dem ersten halben Jahr lässt sich berichten, dass insgesamt 4,8 Millionen Share Produkte verkauft wurden, wodurch mehr als eine Millionen Mahlzeiten und 300.000 Seifen gespendet und rund 20 Trinkwasserbrunnen modernisiert oder neu gebaut wurden (Rosenbach & Salden, 2018).

8. Fazit und Ausblick

Zusammenfassend lässt sich, in Anbetracht der vielen Informationen und Fakten, die in diesem Umfang nicht nochmal aufgegriffen werden können, festhalten, dass die Unmengen an Plastikmüll eine starke Problematik für die Meere und gravierende Folgen für die Tiere nach sich ziehen. Seit der Entstehung von Kunststoff im Jahre 1907 ist ein Leben ohne Plastik kaum mehr vorstellbar. Jährlich werden Millionen Tonnen von Plastik hergestellt, und relativ schnell wieder weggeworfen. Durch ungenügende Recycling- und Gegenmaßnahmen, gelangt immer mehr des Abfalls in die Umwelt. Davon sind vor allem die Weltmeere, in denen riesige Müllinseln existieren, sowie deren zahlreiche Meeresbewohner betroffen. An Makroplastik, wie etwa Plastiktüten und Geisternetze, ersticken die Tiere, strangulieren sich selbst oder verhungern mit vollem Magen. Wahrscheinlich ebenso gefährlich, aber noch nicht genau untersucht, sind die Folgen von Mikroplastik. Besonders kleine Tiere, wie wirbellose Meeresfrüchte, können diese kleinen Plastikpartikel zu sich nehmen und an ihren Prädator weitergeben. Einige Lösungsansätze sind bereits vorhanden, wobei es hierfür fundamental ist, dass Politik, Unternehmen, Tourismus sowie Verbraucher gemeinsam gegen die entstandene Problematik angehen. Erste Projekte, wie die Säuberungsaktion von „The Ocean Cleanup" oder die komplett recycelte Plastikflasche „Share" sind bereits gestartet.

Beim Lesen der verschiedenen Forschungen, Studien und Fakten ist im Hinterkopf zu behalten, dass weiterhin ein Forschungsdesiderat in vielen Bereichen herrscht, wie beispielsweise bei der Frage, welche genauen Auswirkungen Mikroplastik für die Menschen hat. Zudem sind gewisse Gebiete des Meeres bisher noch gar nicht untersucht worden, was die Vermutung zulässt, dass die Dunkelziffer des Plastikanteils noch höher sein könnte. Zudem beruht vieles auf reine Schätzungen, da zum Beispiel jetzt noch nicht vorhergesagt werden kann, ob eine Angelschnur wirklich 600 Jahre im Meer verbleibt, sich eventuell vorher, später oder womöglich überhaupt nicht vollständig zersetzt. Wird der Plastikkonsum so stark wie bisher fortgeführt, kann dies das Aussterben vieler bedrohten Tierarten bedeuten. Durch das Verfassen dieser Hausarbeit habe ich einen neuen Blick auf die Problematik des Plastikmülls erhalten, weshalb ich von nun an versuche, Plastik in meinem Alltag bewusster wahrzunehmen, dieses, wenn möglich, zu vermeiden und besser auf die Mülltrennung zu achten. Abschließend wäre es interessant, den weiteren Verlauf dieser Thematik zu verfolgen, da in naher Zukunft wahrscheinlich immer mehr Informationen veröffentlicht werden und man dadurch stets auf den aktuellsten Stand bleibt, was wiederum für die Aufklärungsarbeit von wichtiger Bedeutung ist.

9. Literaturverzeichnis

Alessi, E. (2018). *Wege aus der Plastikfalle – Was zu tun ist, damit das Mittelmeer nicht baden geht*, World Wide Fund For Nature (WWF) [Hrsg.], Originalversion herausgegeben von WWF Mediterranean Marine Initiative, Rom, Italien

Bauske, Dr. B. (2018, 08. Juni). *Bedrohtes Unterwasserparadies: Plastikmüll im Korallendreieck*, WWF [Hrsg.]. Zuletzt abgerufen am 11.Oktober.2018 von https://www.wwf.de/themen-projekte/meere-kuesten/plastik/korallendreieck/

Bojanowski, A. (2018, 22. März). *Pazifik. Müllstrudel ist mehr als viermal so groß wie Deutschland.* Spiegel Online [Hrsg.] Zuletzt abgerufen am 11.Oktober 2018 von http://www.spiegel.de/wissenschaft/natur/muellstrudel-im-pazifik-ist-mehr-als-viermal-groesser-als-deutschland-a-1199383.html

Bundesministerium für wirtschaftliche Zusammenarbeit und Entwicklung (BMZ) (2010-2018) *Ziel 14*. Zuletzt abgerufen am 10.10.2018 von https://www.bmz.de/de/ministerium/ziele/2030_agenda/17_ziele/ziel_014_ozeane/index.html

Bundesverband Meeresmüll. (o.D. a). *Makroplastik – aus dem Alltag in das Meer.* Zuletzt abgerufen am 10. Oktober 2018 von https://bundesverband-meeresmuell.de/start-2/makroplastik/

Bundesverband Meeresmüll. (o.D. b). *Mikroplastik – die unsichtbare Bedrohung.* Zuletzt abgerufen am 10. Oktober 2018 von https://bundesverband-meeresmuell.de/start-2/mikroplastik/

Cole, M., Lindeque, P., Halsband, C., & Galloway, T. S. (2011). *Microplastics as contaminants in the marine environment: a review.* Marine pollution bulletin, 62(12), 25882597

Cresse, D. (2016). Umweltverschmutzung. Das Plastikmeer. *Spektrum der Wissenschaft*, Die Woche. 2016(40), 28–36., Heidelberg

Detloff, Dr. K. C. (2016). *Müllkippe Meer Plastik und seine tödlichen Folgen.* NABU-Bundesverband (Hrsg.), 5. Auflage 08/2016, Berlin

Dpa (2018, 17. September). *Mehr als jedes zweite Jungtier. Junge Meeresschildkröten stärker von Plastikmüll bedroht.* stern.de [Hrsg.] Zuletzt abgerufen am 09. Oktober 2018 von https://www.stern.de/panorama/wissen/mehr-als-jedes-zweite-jungtier-junge-meeresschildkroeten-staerker-von-plastikmuell-bedroht-8361154.html Zuletzt abgerufen am:

Dpa, so & RND (2018, 17. September) *Plastikmüll bedroht speziell junge Meeresschildkröten.* Kieler Nachrichten [Hrsg.] Zuletzt abgerufen am 09.Oktober 2018 von http://www.kn-online.de/Nachrichten/Wissen/Verschmutzte-Ozeane-Plastikmuell-bedroht-speziell-junge-Meeresschildkroeten dpa, dt & sst (2018, 08. September). *"The Ocean Cleanup". Müllsammelprojekt im Pazifik gestartet.* ZEIT ONLINE [Hrsg.] Zuletzt abgerufen am 10. Oktober 2018 von https://www.zeit.de/wissen/umwelt/2018-09/the-ocean-cleanup-muell-sammeln-pazifik

Drbohlav, A. (o.D.) *Wie gelangt der Müll ins Meer?* WWF / Infographic [Hrsg.]

Dörhöfer, P. (2016, 28. September). *Meerestiere. Plastik im Hauptgericht.* Frankfurter Rundschau [Hrsg.] Zuletzt abgerufen am 10.Oktober 2018 von http://www.fr.de/wissen/meerestiere-plastik-im-hauptgericht-a-308044

Ellen MacArthur Foundation and New Plastic Economy (2017), *The new plastics economy: rethinking the future of plastics & catalysing action*

Eriksen, M., Lebreton, L. C., Carson, H. S., Thiel, M., Moore, C. J., Borerro, J. C., & Reisser, J. (2014). *Plastic pollution in the world's oceans: more than 5 trillion plastic pieces weighing over 250,000 tons afloat at sea.* PloS one, 9(12), e111913. Zuletzt abgerufen am 06.Oktober 2018 von https://journals.plos.org/plosone/article?id=10.1371/journal.pone.0111913

Essel R., Engel L., Carus, M. & Ahrens, Dr. R. H. (2015). *Quellen für Mikroplastik mit Relevanz für den Meeresschutz in Deutschland*, September 2015 Herausgeber: Umweltbundesamt, Dessau-Roßlau. Zuletzt abgerufen am 05.Oktober 2018 von https://www.umweltbundesamt.de/publikationen/quellen-fuer-mikroplastik-relevanz-fuer-den

Garms, A & dpa (2018, 26. Januar). Krankheitsrisiko steigt enorm. Plastikmüll lässt Korallen schneller erkranken NTV.de [Hrsg.] Zuletzt abgerufen am 08.Oktober 2018 von https://www.n-tv.de/wissen/Plastikmuell-laesst-Korallen-schneller-erkranken-article20251257.html

Habekuß, F. (2018, 16.August). *Gefangen im Geisternetz.* Die Zeit [Hrsg.], Nr. 34 S.27f.

Hecking, C., Martin, A., & Voss, L. (2018, 27. August). Plastikabfälle. *Der vermüllte Planet.* Abgerufen am 10. Oktober von http://www.spiegel.de/wissenschaft/natur/plastikmuell-welche-wege-fuehren-aus-der-abfallkrise-a-1223743.html

Jambeck, J. R., Geyer, R., Wilcox, C., Siegler, T. R., Perryman, M., Andrady, A. & Law, K. L. (2015). *Plastic waste inputs from land into the ocean.* Science, 347(6223), 768-771. Zuletzt abgerufen am 08.Oktober 2018 von https://www.iswa.org/fileadmin/user_upload/Calendar_2011_03_AMERICANA/Science-2015-Jambeck-768-71__2_.pdf

Jonas, U. (2018, 03. September). *Entertainer Friedrich Liechtenstein: „Wer Welt mit Plastik vermüllt, sollte wie Straftäter behandelt werden".* FOCUS Online [Hrsg.] Zuletzt abgerufen am 10.Oktober 2018 von Fokus Online. 03.09.2018 Link:

Krohn, P. (2018, 17. September). *Die soziale Flasche* - Frankfurter Allgemeine [Hrsg.] Zuletzt abgerufen am 10.Oktober von http://www.faz.net/aktuell/wirtschaft/unternehmen/die-recyclingflasche-von-share-will-gutes-tun-15791171.html

Lingenhöhl, D. (2014): *OZEANE. Wohin verschwindet unser Plastikmüll?* Spektrum der Wissenschaft. Die Woche, 2014 (45), Heidelberg. Zuletzt abgerufen am 05.Oktober 2018 von https://www.spektrum.de/news/wohin-verschwindet-unser-plastikmuell/1315749

Ludwig, J. (2014). Breaking mad. In *fluter – Magazin der Bundeszentrale für politische Bildung* Ausgabe 52, Thema Plastik, Herbst 2014, S. 5-8 Bundeszentrale für politische Bildung (bpb) [Hrsg.], Bonn

Schilling, T. (2014). Editorial. In *fluter – Magazin der Bundeszentrale für politische Bildung* Ausgabe 52, Thema Plastik, Herbst 2014, S.3 Bundeszentrale für politische Bildung (bpb) [Hrsg.], Bonn

Maack (2016). *Geisternetze. Verhängnisvoller Müll: Ausgediente Netze fangen weiter.* Greenpeace e.V. [Hrsg.] Hamburg. Zuletzt abgerufen am 06. Oktober 2018 von https://www.greenpeace.de/sites/www.greenpeace.de/files/publications/160507_greenpeace_factsheet_geisternetze.pdf

Marine Litter – Vital Graphics 2016, United Nations Environment Programme (UNEP); Grid-Arendal. Zuletzt abgerufen am 10. Oktober 2018 von https://wedocs.unep.org/bitstream/handle/20.500.11822/9798/-Marine_litter_Vital_graphics-2016MarineLitterVG.pdf.pdf?isAllowed=y&sequence=3

Mast, M., Stockrahm, S. (2018). *Plastik im Meer. Die größte Müllkippe der Welt ist gut versteckt.* ZEIT ONLINE [Hrsg.] Zuletzt abgerufen am 06. Oktober 2018 von https://www.zeit.de/wissen/umwelt/2018-07/plastik-meer-tiefsee-nordpazifik-muellstrudel-oekosystem

Miller K., Santillo Dr D. & Johnston Dr. P. (2016, September), *Plastik in Fisch und Meeresfrüchten. Greenpeace Research Laboratories.* Zuletzt abgerufen am 06. Oktober 2018 von www.greenpeace.de/plastik-in-fisch

Modak P., Wilson D.C. & Velis C. (2015) Chapter 3: Waste Management: Global Status in: *ISWA & UNEP (2015): Global Waste Management Outlook.* Zuletzt abgerufen am 06. Oktober 2018 von https://www.uncclearn.org/sites/default/files/inventory/unep23092015.pdf

Moek, H.G., Rutke, C. (2016). *Wissenschaftsjahr 2016*17 – Meere und Ozeane*, Berlin

nis, hda, mho & dpa (2018, 09. September). *"The Ocean Cleanup". Riesiger Stopper fischt jetzt Plastik aus dem Meer.* SPIEGEL Online [Hrsg] Zuletzt abgerufen am 09. Oktober 2018 von http://www.spiegel.de/wissenschaft/natur/the-ocean-cleanup-so-funktioniert-der-plastikstopper-a-1227196.html

Otte, L. M. (2016, April). *Plastik im Meer*, Greenpeace e.V. [Hrsg.], Hamburg Zuletzt abgerufen am 06. Oktober 2018 von https://www.greenpeace.de/files/publications/20160405_greenpeace_factsheet_plastik.pdf

Pak (2013, 12. August) *Plastik statt Quallen.* Süddeutsche Zeitung [Hrsg.] Zuletzt abgerufen am 09.10.2018 von https://www.sueddeutsche.de/wissen/muell-in-der-nahrung-von-meeresschildkroeten-plastik-statt-quallen-1.1743894

PlasticEurope (2017). Plastic – the facts 2017. Zuletzt abgerufen am 08. Oktober 2018 von https://www.plasticseurope.org/en/resources/publications/274-plastics-facts-2017

Rosenbach, M. & Salden, S. (2018, 14. September). *Kampf gegen Plastikmüll. Share bringt erste voll recycelte Wasserflasche auf den Markt Freitag,* Spiegel Online [Hrsg.] Zuletzt abgerufen am 10. Oktober von http://www.spiegel.de/wirtschaft/unternehmen/share-berliner-start-up-bringt-erste-voll-recycelte-wasserflasche-auf-den-markt-a-1228139.html

Schöttner, Dr. S. (2017, 02. Mai) *Checkliste: Plastik abschminken,* Greenpeace e.V. [Hrsg.], Hamburg, Zuletzt abgerufen am 09. Oktober 2018 von https://www.greenpeace.de/sites/www.greenpeace.de/files/publications/20170502-greenpeace-kurzinfo-plastik-kosmetik.pdf

Schöttner, Dr. S. & Bayona, M. (2016). Plastik in Fisch und Meeresfrüchten. Greenpeace e.V. [Hrsg.], Hamburg. Zuletzt abgerufen am 09. Oktober 2018 von https://www.greenpeace.de/sites/www.greenpeace.de/files/i03861_greenpeace_flyer_flyer_plastik_in_fisch_20161114.pdf

Seidler, C. (2018, 26.Januar). *Plastikmüll im Meer. Hier zerstören Joghurtbecher gerade ein Riff,* SPIEGEL Online [Hrsg.], Zuletzt abgerufen am 09. Oktober 2018 von http://www.spiegel.de/wissenschaft/natur/korallen-so-leiden-riffe-unter-plastik-muell-im-meer-a-1189636.html

Share (2018a). *Teilen ist unsere Mission.* Zuletzt abgerufen am 10.Oktober 2018 von https://www.share.eu/mission/

Share, 2018b. *Flaschen gegen Plastikmüll.* Zuletzt abgerufen am 10. Oktober 2018 von https://www.share.eu/recyclat/

Share (2018c). *Die Umwelt liegt uns am Herzen.* Zuletzt abgerufen am 10.Oktober 2018 von https://www.share.eu/nachhaltigkeit/oekologische-nachhaltigkeit/

Share (2018d). *Nachhaltig Sozial.* Zuletzt abgerufen am 10.Oktober 2018 von https://www.share.eu/nachhaltigkeit/soziale-nachhaltigkeit/

Share (2018e). *Unsere Produkte.* Zuletzt abgerufen am 10.Oktober 2018 von https://www.share.eu/produkte/

The Ocean Cleanup (2018a). *Technology. How it works.* Zuletzt abgerufen am 09.Oktober 2018 von https://www.theoceancleanup.com/technology/

The Ocean Cleanup (2018b). *System 001.* Zuletzt abgerufen am 09.Oktober 2018 von https://www.theoceancleanup.com/system001/

UNEP (2016). *Marine plastic debris and microplastics – Global lessons and research to inspire action and guide policy change.* United Nations Environment Programme, Nairobi

Westram, H. (2018, 26. Januar). *Plastik macht Korallen krank. Studie weist erstmals tödliche Wirkung nach.* Bayerischer Rundfunk BR [Hrsg.] Zuletzt abgerufen am 06.Oktober 2018 von https://www.br.de/themen/wissen/inhalt/meer-voll-plastik/plastik-korallen-krank-krankheit-100.html

Willems, W. (2018, 24. März). *1,6 Millionen Quadratkilometer. Pazifik-Müllstrudel viel größer als vermutet.* NTV.de [Hrsg.] Zuletzt abgerufen am 04.Oktober 2018 von https://www.n-tv.de/wissen/Pazifik-Muellstrudel-viel-groesser-als-vermutet-article20351121.html

Winter, N. (2018, September). *So stark bedroht unser Plastikmüll junge Meeresschildkröten.* PETA [Hrsg.] Zuletzt abgerufen am 05.Oktober 2018 von https://www.peta.de/so-gefaehrlich-ist-unser-plastikmuell-fuer-junge-meeresschildkroeten

Zettler, E.R., Mincer, T.J., Amaral-Zettler, L.A. (2013). *Life in the "Plastisphere": Microbial Communities on Plastic Marine Debris.* Zuletzt abgerufen am 05.Oktober 2018 von https://pubs.acs.org/doi/pdf/10.1021/es401288x